CULTURE

ET

FÉCONDATION ARTIFICIELLE

DES CÉRÉALES

ET

DES ARBRES FRUITIERS

DE DANIEL HOOÏBRENK

ET LEUR APPLICATION AUX INDES NÉERLANDAISES

PAR

J.-J. ROCHUSSEN

MINISTRE D'ÉTAT

TRADUIT DU HOLLANDAIS AVEC L'AUTORISATION DE L'AUTEUR

PAR ÉMILE ROBIN.

PARIS

LIBRAIRIE AGRICOLE DE LA MAISON RUSTIQUE

26, RUE JACOB

1864

VISITE DE L'EMPEREUR

LE 19 AOUT 1863,

CHEZ M. A. JACQUESSON

A CHALONS-SUR-MARNE.

Le 19 août 1863, Sa Majesté l'Empereur Napoléon III, venant du camp de Mourmelon, est arrivé à Châlons-sur-Marne à midi et demi, accompagné de M. le maréchal Randon, d'un aide de camp et de M. le préfet de la Marne. L'intention de Sa Majesté était d'examiner de ses propres yeux les nouvelles méthodes de culture appliquées chez M. A. Jacquesson par M. Daniel Hooïbrenk, et de visiter le vaste établissement que MM. Jacquesson et fils possèdent à Châlons-sur-Marne.

M. Daniel Hooïbrenk a d'abord montré à Sa Majesté, avec toutes les explications nécessaires, les échantillons de froment, de seigle, d'orge et d'avoine fécondés et non fécondés, la frange à féconder les céréales, et une gerbe de seigle de Sibérie, plante bisannuelle introduite dans les cultures de M. A. Jacquesson. Sa Majesté s'est ensuite rendue dans le potager, où elle s'est fait exposer en détail tout ce qui concerne la nouvelle culture de la vigne à lattes mobiles, la fécondation artificielle des arbres fruitiers de toute espèce, l'élève des vers à soie en plein air, etc. Sa Majesté a terminé sa visite en parcourant l'établissement de MM. Jacquesson et fils.

L'Empereur, qui à plusieurs reprises avait daigné exprimer sa satisfaction et son étonnement de tout ce qu'il voyait, a voulu laisser une marque durable de sa haute approbation. En se retirant, il a remis la croix de la Légion d'honneur à M. A. Jacquesson, chef de la maison Jacquesson et fils; et détachant la croix qu'il portait lui-même, il l'a attachée à l'habit de M. Daniel Hooïbrenk.

PRÉFACE.

En ouvrant cette brochure, on sera sans doute étonné qu'étant complétement étranger à tout ce qui concerne l'exploitation des fermes et la culture des terres et des jardins, j'aie osé écrire et publier quelque chose sur ce sujet.

Ainsi qu'on le verra, c'est un hasard qui en a été cause; mais je me suis fait un devoir de communiquer au public tout ce que ce hasard m'avait appris et démontré. Voilà comment, tout en me sentant aussi peu compétent pour réfuter que pour accepter les contradictions qu'a rencontrées dans ces derniers temps le système de M. Daniel Hooïbrenk, j'ai cru devoir écrire ce qui suit.

Je ne donne rien de moi-même, je me borne à raconter. Mais pour m'assurer d'avoir été un rapporteur fidèle, j'ai soumis mon manuscrit à M. Hooïbrenk, qui a eu la bonté de l'examiner et de l'améliorer là où il en a été besoin. Seulement, pour ce qui regarde l'application des théories de M. Hooïbrenk aux cultures coloniales, je me suis permis de soumettre quelques idées détachées à des personnes plus compétentes ou plus intéressées; mais je n'ai pas eu la moindre prétention de proposer ces idées comme des systèmes définitifs.

Puisque je ne suis que l'écho d'autrui, je laisserai sans réponse toute critique que mon écrit pourrait susciter, et j'attendrai le jugement du temps et des expériences qui sont actuellement poursuivies sur une très-grande échelle en France, et qui seront faites aussi, je l'espère, dans les Indes Hollandaises.

J.-J. Rochussen.

La Haye, décembre 1863.

Le 21 septembre 1863, je reçus une visite inattendue de M. Barthélemy-Saint-Hilaire, dont j'avais fait la connaissance lors de ma mission à Paris en 1839-1840, et avec qui j'avais depuis lors conservé de bonnes et amicales relations. Il était venu à la Haye, me dit-il, moins encore pour satisfaire le désir qu'il nourrissait depuis longtemps de visiter la Hollande que pour profiter d'une circonstance favorable qui s'était présentée à lui : il n'avait pu résister au plaisir d'accompagner MM. Daniel Hooïbrenk et A. Jacquesson, lorsque ces deux personnes lui avaient fait part de leur intention d'aller en Hollande exposer au roi et au gouvernement de ce pays les découvertes et les applications agricoles faites par M. Daniel Hooïbrenk sur les terres et les vignobles de M. A. Jacquesson, à Châlons-sur-Marne et à son château de Sillery, près de Reims.

M. Hooïbrenk est Hollandais, non-seulement de naissance, mais aussi de cœur. Il n'était pas venu ici pour demander quoi que ce soit, mais seulement pour faire participer son pays natal aux avantages de ses découvertes. M. Barthélemy-Saint-Hilaire était tout à fait prévenu en faveur de ces découvertes; et c'était pour cette raison et parce que M. A. Jacquesson était un de ses anciens amis qu'il avait voulu les suivre dans cette excursion. Il me demanda la permission de me présenter ces Messieurs pour me faire connaître ces découvertes, et pour me consulter en même temps sur la manière dont ils devaient s'y prendre pour atteindre le mieux possible le but de leur voyage.

Je reçus ces Messieurs le soir même. Dans un entretien qui dura plus de trois heures et demie, et qui fut repris les jours suivants, M. Hooïbrenk me parla de sa carrière, et m'exposa ses découvertes en agriculture et le résultat de ses expériences préliminaires en France sur les terres de M. A. Jacquesson. Je vais tâcher autant que possible d'en rendre compte à grands traits.

Daniel Hooïbrenk est né le 27 mars 1815 à Alphen sur le Rhin. Son père, qui avait déjà une réputation bien établie comme botaniste, était jardinier en chef à la campagne de M. von Poelje, à Alphen. Encore tout enfant, le jeune Daniel montrait déjà des connaissances singulières et un grand amour de la botanique; il se rendait très-utile à son père, qu'il eut le malheur de perdre en 1822. Il devint un peu plus tard garçon jardinier dans deux différentes maisons de campagne voisines de Harlem, entre autres celle de M. Willink von Bennerbrock; il y continua l'étude des plantes non pas uniquement en pratique, mais aussi en théorie, et il lut avec une rare curiosité tout ce que les botanistes les plus célèbres avaient écrit sur ces matières.

Cependant le désir de voir les autres pays se développait en lui de plus en plus, ainsi que l'ambition de travailler sur un plus vaste théâtre. Bien que ne pouvant disposer que d'une somme très-modique, mais doué d'une grande force morale, il quitta sa patrie à l'âge de quinze ans et se rendit à Bruxelles. Là, il travailla pendant quelque temps au jardin botanique qui avait été nouvellement créé, et il s'y distingua très-promptement par son zèle et par une connaissance plus qu'ordinaire de toutes les plantes.

Après un séjour de trois ou quatre mois à Bruxelles, pendant lequel il avait su amasser par la plus stricte économie l'argent nécessaire pour aller plus loin, il se rendit à Paris; il y trouva un emploi chez le général Latour-Maubourg, alors gouverneur de l'hôtel des Invalides, et qui avait connu le père de Hooïbrenk en Hollande.

Plus tard, et sur la recommandation de ce général, il fut placé comme jardinier en chef dans la propriété de M. Cordier, près de Melun. M. Cordier eut bientôt remarqué les procédés nouveaux du jeune Hooïbrenk pour croiser plusieurs espèces de fleurs et surtout pour augmenter la production des fruits dans une proportion presque incroyable. Dès lors, le jeune botaniste obtint une certaine réputation, qui eut une grande influence sur le reste de sa carrière.

Aidé par M. Cordier, il éleva une pépinière et il commença un petit commerce en plantes et en fleurs. Le baron Clément von Hügel, qui revenait d'un voyage dans l'Amérique du Sud et qui avait fait beaucoup d'observations botaniques, visita la pépinière d'Hooïbrenk, et fut tellement frappé d'admiration pour sa manière de voir et de faire qu'il sut l'engager à l'accompagner à Vienne, afin d'y travailler dans le grand établissement botanique de son frère Charles von Hügel. Les améliorations et les innovations qu'y apporta Hooïbrenk furent considérables et nombreuses; bientôt il fut le pivot de tout ce qui se faisait dans cet établissement, jusqu'en 1850, époque où il en devint lui-même le propriétaire.

Une fois arrivé à cette hauteur, il entra en correspondance avec les plus grands agriculteurs et botanistes, soit de l'Europe, soit même des autres parties du globe. Par des échanges de plantes, son établissement devint un des plus complets du monde; et plus tard, il envoya lui-même des voyageurs à la recherche de plantes non connues et non classées. Par des croisements et des multiplications d'arbres, d'arbrisseaux, de plantes et de fleurs, il était à même de satisfaire à toutes les demandes qui lui étaient adressées. Aussi sa fortune allant en s'augmentant, il acheta de plus vastes terrains. En même temps, il s'appliquait à former des agronomes, des botanistes pratiques et des jardiniers, tandis qu'il employait lui-même les forces de son génie et de sa robuste santé à vaquer à son occupation favorite, lisant et méditant tous les ouvrages spéciaux qui paraissaient, approfondissant de plus en plus les mystères de la nature, et assurant par des applications décisives une valeur pratique à des théories très-neuves et très-avancées. Petit à petit, il coordonna en un système complet les résultats de ses longues expériences et de ses recherches, que je vais maintenant essayer de décrire.

Le système entier se divise en trois parties principales. La première, le sol; la seconde, les arbres et les végétaux; la troisième, la floraison et le fruit.

I. — *Le Sol.*

Le terrain, même le plus riche, quand on en exige beaucoup, finit par s'épuiser; et il doit être rendu de nouveau fertile. Cette amélioration du sol se fait de deux manières :

Par l'engrais, d'abord.

Cette sous-division forme en elle-même toute une étude et toute une science. On comprend facilement que le genre d'engrais dépend de la nature du terrain, et qu'il n'y a qu'un examen chimique ou une grande expérience qui puisse en ceci servir de guide. Il faut, en outre, faire bien attention à la culture précédente, afin de savoir quels sont les éléments qui ont été absorbés en trop grande proportion et qui doivent être restitués à la terre. Je serais conduit trop loin si je voulais essayer de rappeler tous les détails que j'ai appris de M. Hooïbrenk, et je dois me borner à quelques observations générales indiquées par lui.

Souvent on emploie un engrais qui n'est pas calculé pour le terrain; alors, on perd le travail et l'argent sans atteindre le but. Souvent on fume trop, et l'on fait parfois plus de tort que de bien à sa terre. Ceci est surtout le cas quand on enfouit l'engrais à une plus grande profondeur qu'un demi-mètre; car l'air, ne pouvant pénétrer au delà dans la terre, ne décompose plus l'engrais, qui s'aigrit et qui agit alors d'une manière nuisible au terrain. Parfois, on fume trop tôt ou trop tard. Comme la racine de l'arbre ou de la plante aspire par ses pores les atomes de l'engrais quand il est décomposé, cette décomposition doit avoir lieu peu de temps avant que la plante germe et prenne sa croissance par la racine. Si l'engrais n'est pas décomposé, la plante alors n'en retire aucun avantage. Quand la décomposition a lieu trop tôt, une partie des atomes azotés et autres, dont la plante a besoin, se trouve perdue inutilement, et le but est également manqué.

En second lieu l'amélioration du sol s'obtient en le laissant en friche.

Le but de la friche, c'est de ne rien exiger du terrain et de lui rendre ainsi la force qu'il a perdue, en lui permettant de recouvrer dans l'atmosphère tous les éléments dont il a été dépouillé. Pour la friche de même que pour la fumure, l'effet ne se fait guère sentir qu'à un demi-mètre de profondeur à partir de la surface du sol. Mais laisser des terres en friche, c'est toujours une perte relative, puisque l'on est privé de produits pendant une année; ce qui fait que le capital est mort pendant ce temps. Après de longues réflexions et une série d'expériences, M. Hooïbrenk est parvenu à constater qu'en faisant passer artificiellement l'air dans la terre, on obtient non-seulement l'effet de la friche d'une année dans un espace de temps très-court, mais que l'on peut en outre rendre au sol sa fertilité à une profondeur bien plus grande. On y arrive par un moyen fort simple et qui n'est pas très-coûteux, c'est-à-dire par le drainage atmosphérique. Il suffit de poser dans la terre des conduits de drainage ordinaire, garnis de quelques ouvertures dans leur plus grande largeur, afin qu'ils ne se bouchent pas. Si l'on possède des tuyaux de drainage pour l'écoulement des eaux, on n'aura qu'à les pourvoir de ces trous. A l'extrémité de tous ces tuyaux de drainage, on pratique un drain transversal collecteur où viennent aboutir tous les drains particuliers; l'extrémité de ce drain collecteur se relève et est portée à la surface du sol; au point d'affleurement on pose un fourneau en briques muni d'une grille; on le remplit de charbon qu'on allume, et l'on forme ainsi une cheminée d'appel. Quand le tirage est bien établi, on bouche hermétiquement toutes les ouvertures, porte du fourneau, cendrier, etc., afin que ce soit l'air seul des drains qui alimente la combustion.

Le dessin ci-joint servira d'éclaircissement.

Vue prise de dessus.

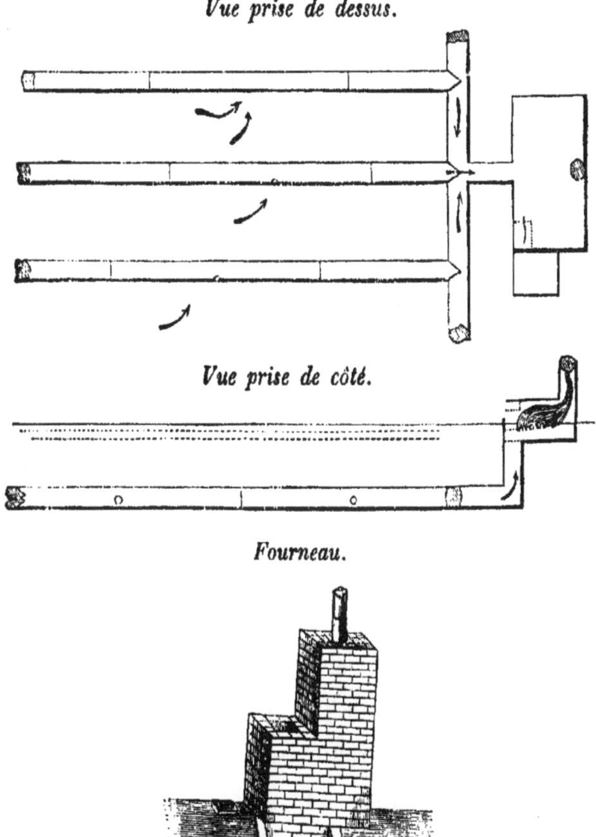

Vue prise de côté.

Fourneau.

On sait que, pour consumer un pied cube de charbon, il faut vingt mille pieds cubes d'air.

L'air qui se trouve dans les drains est ainsi très-vite absorbé; et le tirage devient tellement fort que l'atmosphère, qui pèse sur la terre, y pénètre et remplit continuellement les tuyaux. La combustion du charbon est aussi active que si elle était animée par un grand soufflet de forge. La terre toutefois ne laisse pas passer l'air entièrement; car elle garde pour elle-même ce que l'air contient de nutritif, et ce n'est que le reste qui s'écoule par les drains. Ainsi, la terre profite en quelques jours de tout ce qu'une année de friche aurait pu lui donner. De plus elle en retire un triple avantage : Premièrement, le terrain peut être rendu fertile à une profondeur bien plus considérable, attendu que, sur des terrains en friche ordinaire, l'air, comme je l'ai déjà dit, ne pénètre pas plus profondément qu'un demi-mètre, tandis que par le drainage atmosphérique, que je viens d'exposer, les tuyaux peuvent être posés beaucoup plus bas, de 1 à 5 mètres, selon qu'il s'agit des céréales, des plantes potagères, des vignes, des arbres fruitiers, ou des arbres de haute futaie, applications faites chez M. A. Jacquesson, tant à Châlons-sur-Marne, qu'à son château de Sillery. Secondement, on peut n'allumer de temps à autre qu'un petit feu et entretenir suffisamment la fertilité par ce moyen.

Troisièmement, la terre s'ameublit considérablement par l'infiltration de l'air, qui la pénètre de part en part; ce qui facilite beaucoup tous les travaux qu'on peut y appliquer.

II. — *L'Arbre et les Végétaux.*

M. Hooïbrenk avait remarqué que le tronc des arbres où les branches s'insèrent horizontalement, comme on le voit dans plusieurs espèces de pins, devient plus grand et plus fort que le tronc des arbres dont les branches se relèvent et poussent obliquement en l'air.

Branches horizontales. *Branches obliques.*

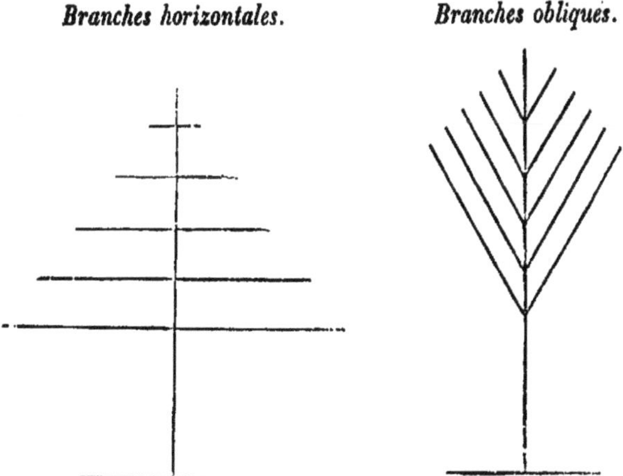

Après avoir réfléchi sur ce sujet et fait des expériences pendant de longues années, il a trouvé que la cause de ce phénomène s'explique comme il suit. L'arbre et la plante, en un mot les végétaux, se nourrissent de deux manières : au printemps, ils tirent principalement leur nourriture de la terre par la racine, et plus tard ils se nourrissent en grande partie d'air par les feuilles et par l'écorce. Le gaz et les sucs qu'ils prennent ainsi dans l'air montent toujours ; ils constituent le développement général et forment les branches par le bourgeonnement. Mais ces branches vivent et croissent pour ainsi dire au détriment du tronc ; elles lui soutirent en partie la force prise dans la terre par la racine, et elles ne lui rendent rien de ce qu'elles prennent de l'air par les feuilles. Il en résulte qu'une très-grande quantité de la force nutritive du tronc se trouve perdue, et qu'elle est employée à la formation et à l'entretien du bois des branches. Cette force, si elle eût été laissée au tronc, l'aurait grossi, et elle aurait augmenté la puissance productive du végétal en fleurs et en fruits. Aussi peut-on remarquer que sur les branches, la force de croissance se portant toujours vers les extrémités, produit à ces extrémités seulement de nouveaux rejetons et des feuilles, tandis que les vieux bourgeons sur tout le trajet de la branche restent pour ainsi dire inactifs, et qu'il n'y a de développement réel que dans les trois ou quatre derniers bourgeonnements. Il est évident que tout le bois des branches depuis le tronc jusqu'à l'extrémité est presque inutile, et que, ne produisant rien, il prive l'arbre d'une bonne partie de sa séve.

Après de longues observations, M. Hooïbrenk en est venu à conclure que tout le gaz et les sucs qu'un arbre ou une plante prend à la terre ou à l'air doivent être ramenés et concentrés autant que possible dans le tronc, afin qu'aucune force ne soit dispersée. On arrive à ce résultat en inclinant les branches au lieu de les laisser monter, et en les mettant un peu au-dessous de la ligne horizontale, et précisément dans la direction de 112,50 degrés, l'angle droit étant de 100 degrés. Pour trouver cette direction, on trace une circonférence de cercle que l'on divise en 400 degrés, ainsi qu'on le voit ci-dessous :

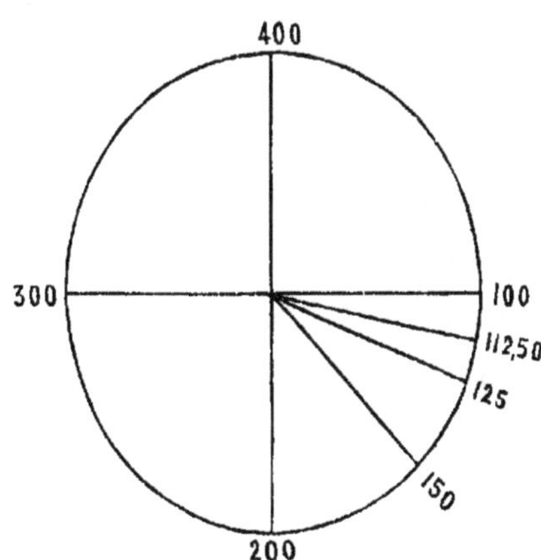

Comme conséquences de ce principe que les sucs et les gaz ne descendent jamais, mais qu'ils montent toujours, il suit : 1° que les branches ainsi courbées n'empruntent presque rien du sol; 2° qu'elles se nourrissent principalement de ce qu'elles tirent de l'air; et 3° qu'elles rendent au tronc le superflu de la nourriture qu'elles ont prise dans l'atmosphère. Le tronc alors ne se trouve plus privé de la moindre parcelle de nourriture. Loin de là, il profite de deux manières : il acquiert non-seulement une double force de croissance, mais il gagne aussi en force intrinsèque. Ainsi, par exemple, M. Hooïbrenk a trouvé qu'un mètre cube de bois d'un arbre dont les branches ont été courbées depuis quelques années, pèse amplement 50 °/₀ de plus qu'un égal volume de la même essence de bois dont les branches ont poussé en l'air obliquement.

L'effet produit sur la branche courbée n'est pas moins remarquable. Dès que la séve revient au tronc, une nouvelle vie se manifeste dans tous les boutons de bois inactifs des années précédentes; ils recommencent à bourgeonner, et ils se disposent à porter fruit.

Ainsi une branche comme celle-ci,

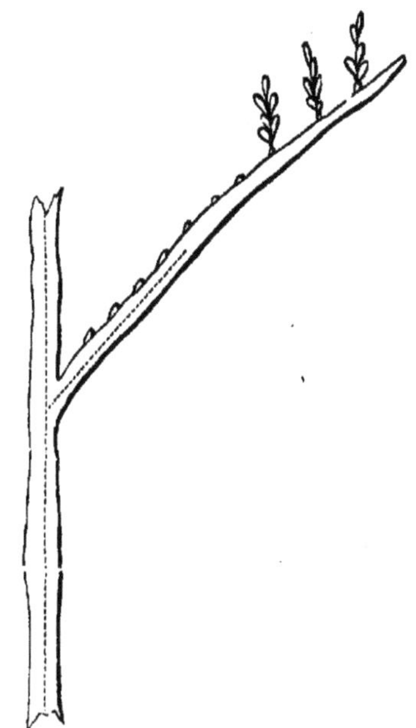

que l'on courbera, sera dans cette position l'année suivante :

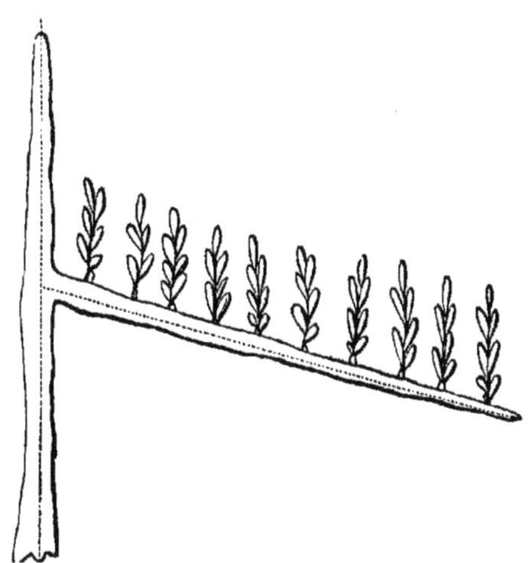

Mais je veux dire encore un mot sur l'inclinaison de 112,50 degrés.

Pourquoi pas plus, pourquoi pas moins?

Les expériences de M. Hooïbrenk ont fait voir qu'avec une plus grande inclinaison, par exemple de 150 degrés, le gaz ou le suc monte trop vite, de sorte qu'il n'y a que les boutons placés près du tronc qui reçoivent de la nourriture, et que ceux qui se trouvent au milieu et à l'extrémité de la branche ne travaillent plus. Avec une inclinaison moindre, c'est-à-dire avec une position tout à fait horizontale, la séve reste en quelque sorte stagnante; et conséquemment elle ne se porte pas vers le tronc.

Tels sont les motifs de l'inclinaison à 112° 50'.

M. Hooïbrenk applique ce système non pas seulement aux branches des arbres, mais aussi aux céréales; et pour elles, il l'obtient au moyen d'un rouleau cannelé en bois. Ce rouleau, tiré par un cheval, est passé sur le blé quand il a atteint à peu près un décimètre de hauteur, et il le fait incliner au-dessous de la ligne horizontale. Cette opération doit être répétée tous les huit jours pour que le blé reste incliné, et tant qu'il est à l'état herbacé. Selon M. Hooïbrenk, le résultat de cette opération, c'est que l'épi devient ensuite bien plus fort et qu'il se développe avec une vigueur de croissance bien plus grande; beaucoup plus de nouvelles tiges se produisent, et le blé devient plus épais, sur le champ ainsi roulé, que si l'on n'avait pas employé ce moyen.

Nous ne reproduisons pas ici la figure du rouleau cannelé; mais on peut la trouver, à la fin de cette brochure, sous les différents aspects que l'emploi du rouleau peut présenter dans la pratique.

III. — *La Fécondation artificielle.*

La troisième et la plus importante subdivision des travaux de M. Hooïbrenk a rapport, ainsi que nous l'avons déjà indiqué, à la floraison et au fruit, ou, pour mieux dire, à la fécondation de la fleur.

On sait qu'il y a deux sexes dans le règne végétal, ainsi que dans le règne animal, mâle et femelle. Il y a des arbres, des arbrisseaux et des plantes qui sont séparément ou du sexe masculin ou du sexe féminin; mais dans la plupart des végétaux, en Europe surtout, les deux sexes se trouvent réunis sur la même fleur. Le pistil doit être fécondé par le pollen, c'est-à-dire que le pollen doit tomber dessus ou y être apporté. Ce pollen s'y attache, pour ainsi dire, grâce à une petite goutte de miel dont le pistil se trouve enveloppé. Ordinairement lorsque le pollen est tout à fait mûr, il se dégage et tombe naturellement sur le pistil. Quand cet effet n'a pas lieu, la fleur ne porte pas de fruit. Or il est facile de comprendre que ceci doit arriver assez souvent; et, par exemple, quand le vent est très-fort, le pollen est emporté dans les airs, et il ne tombe plus sur le pistil. On voit parfois au-dessus d'un champ de blé en fleur comme un petit nuage de poussière; c'est le pollen qui est soulevé par le vent et qui manque alors son but, lequel est la fécondation de la fleur. Par de fortes pluies, le pollen devient comme pâteux et il ne se dégage pas, de sorte qu'il ne sert plus à la fécondation. De là résulte que fort souvent un champ qui est très-bien venu et qui a eu une riche floraison donne peu de grains; ainsi dans un épi de 60 cellules, il n'y en a que 30 ou 40 qui soient remplies comme elles doivent l'être. C'est que le pollen n'est pas tombé dans ces cellules vides; de même que l'on voit souvent un arbre fruitier qui a été couvert de fleurs donner ensuite peu de fruits. La cause en est encore que le pollen n'est pas tombé sur le pistil. Parfois aussi il arrive que des multitudes d'abeilles ou d'autres insectes ont enlevé au pistil tout son miel, de sorte que le pollen ne peut plus s'y attacher. D'où l'on peut conclure que l'élève des abeilles peut souvent être nuisible à la récolte des arbres fruitiers.

Pour la fécondation régulière du froment, c'est-à-dire pour assurer ou favoriser le contact du pollen avec le pistil, M. Hooïbrenk a inventé un moyen excessivement simple. C'est, à un moment favorable, d'amener dans le blé un petit mouvement par lequel le pollen se dégage et tombe sur la fleur ou plutôt sur les pistils voisins. J'ai dit « un moyen excessivement simple », et vraiment j'ai bien raison ; car il consiste à prendre une corde de 15 ou 20 mètres de longueur ; à cette corde on noue des fils de grosse laine de 40 à 60 centimètres de long ; de dix en dix fils, on peut attacher un petit plomb, afin de donner plus de consistance à cette frange ; on peut aussi l'enduire légèrement de miel en y passant les doigts qu'on a emmiellés préalablement. Cet appareil, que chaque agriculteur peut faire lui-même, ne coûtera que le prix de la matière employée.

Quoique ce soit peut-être superflu, j'ajoute néanmoins à cette description une esquisse de la frange mise en usage au château de Sillery, et faite par M. Hooïbrenk lui-même. On peut voir cette esquisse, à la fin de cette brochure, avec celle du rouleau cannelé. Cette figure est très-facile à comprendre, et l'agriculteur, en la consultant, pourra aisément construire la frange, en faisant les nœuds qui la rendent solide et légère tout à la fois.

Quand le champ de blé est en fleur, trois ouvriers, un de chaque côté et un au milieu, tendent la corde au-dessus des épis et y font passer la frange, de manière que les fils produisent une petite secousse ou un fléchissement; à ce contact, le pollen mùr se dégage et il tombe sur les épis environnants. Il est avantageux pour le grain que le pollen féconde non pas l'épi même d'où il vient, mais plutôt un autre épi à côté. M. Hooïbrenk a pu constater par des expériences certaines que le grain fécondé par le pollen du même épi pèse moins que celui qui a été fécondé par le pollen d'un épi voisin.

Comme on l'a déjà dit, ce travail doit se faire à l'époque convenable, c'est-à-dire quand le blé est en fleur. Dans le cas où il y aurait du vent ou bien dans le cas où il pleuvrait, il faudrait remettre l'opération jusqu'à un moment de calme et de sécheresse. De 9 heures du matin à 4 heures du soir c'est le moment le plus propice pour ce travail, parce qu'alors la rosée du matin se trouve séchée et que l'humidité du soir n'a pas encore humecté le grain. Cette opération doit être répétée deux fois, et même trois fois, parce que toutes les faces de l'épi ne fleurissent pas en même temps. La floraison commence généralement sur la face qui est du côté de l'orient et sur celle qui est au midi; puis ensuite, à l'occident et en dernier lieu au nord.

Pour la fécondation artificielle des arbres fruitiers, y compris la vigne, on peut appliquer le même principe : aider la nature à apporter le pollen sur le pistil. Mais on ne peut pas adopter le même procédé que pour le blé. Pour arriver au même but, on se sert d'une houppe en duvet de cygne qu'on attache au bout d'une longue baguette flexible, et avec cette houppe on touche légèrement chaque fleur, autour de laquelle on la fait tourner. Le pollen, ainsi secoué, tombe en partie sur le pistil et en partie il s'attache sur le duvet de la houppe, et se trouve transporté ainsi sur d'autres fleurs. On se tromperait en pensant que ce travail prend beaucoup de temps. Avec un peu d'habitude, toutes les fleurs d'un arbre sont très-promptement touchées. Ainsi, 100 hectares de vignes appartenant à M. Jacquesson, de Châlons-sur-Marne, ont été fécondés en peu de jours par un très-petit nombre d'ouvriers. D'après le témoignage de M. Jacquesson, ces vignes ont rapporté trois fois plus que d'autres vignes situées dans le voisinage et dans les mêmes conditions. Quand il s'agit de fruits en espaliers, comme les pêches, les abricots, les poires fines, etc., on peut s'assurer encore mieux d'une fécondation régulière en touchant les pistils avec le bout du doigt trempé dans du miel, avant d'y faire passer la houppe; car il arrive quelquefois que par la faute des abeilles ou par tout autres causes, il ne se trouve plus de miel naturel au bout du pistil de la fleur.

Après avoir ainsi tâché de décrire à grands traits les méthodes de M. Hooïbrenk, je vais maintenant rapporter encore quelques détails que j'ai appris à ce sujet.

Ayant entendu parler de M. Hooïbrenk et de ses découvertes, l'empereur Napoléon III désira connaître cet homme de génie, et il l'invita à venir le voir à Biaritz en 1862. M. Hooïbrenk comprit fort bien que, si ses méthodes étaient une fois connues en France et qu'elles fussent encouragées par l'Empereur des Français, cette heureuse circonstance en favoriserait énormément la publicité et l'application; il se rendit à Biaritz et il y resta douze jours auprès de l'Empereur. S. M. Napoléon III entrevit de suite la haute portée des méthodes que j'ai décrites ci-dessus, et il s'initia à tous leurs détails par de longs entretiens avec M. Hooïbrenk. Il le consulta aussi sur les meilleurs moyens de défricher les bruyères des Landes. M. Hooïbrenk lui soumit ses idées, et il conseilla de commencer par la plantation en grand de l'élanthe. Cet arbre se plaît dans les terrains arides, calcaires et sablonneux; sa feuille est bonne pour le ver à soie, et il prépare bien le terrain pour d'autres cultures. Quant aux trois méthodes de M. Hooïbrenk, le drainage atmosphérique, l'inclinaison des branches et la fécondation artificielle des céréales, des arbres fruitiers et de la vigne, l'Empereur désira que l'on en fît des essais sur une grande échelle. Toutefois il recommanda à M. Hooïbrenk de publier d'abord les deux dernières méthodes, c'est-à-dire celles de la fécondation artificielle et de l'inclinaison, comme étant à la portée de tout le monde, tandis qu'au contraire l'autre méthode, quoique ingénieuse et importante, ne devait venir qu'après les deux premières. En effet, l'application du drainage atmosphérique exige un travail et des frais que beaucoup de personnes ne voudraient pas supporter. En attendant, M. Jacquesson, grand propriétaire à Châlons-sur-Marne et possesseur du château de Sillery, près de Reims, agronome et amateur de culture, lié depuis longtemps avec M. Hooïbrenk, lui avait donné tous les moyens de faire les plus vastes essais, et il avait mis à sa disposition, tant à Châlons-sur-Marne qu'à son château de Sillery, 100 hectares de vignes et 300 hectares de terre labourable, sur lesquels la fécondation artificielle fut appliquée en 1863 pour la première fois.

Par ordre de l'Empereur, deux commissions furent nommées par le ministre du commerce, de l'agriculture et des travaux publics pour constater le résultat des expériences faites au château de Sillery et à Châlons-sur-Marne, chez M. A. Jacquesson. Le *Moniteur universel* du 11 septembre 1863 contient un article qui expose le résultat obtenu et que je crois devoir insérer ici :

« L'attention du gouvernement de l'Empereur a été appelée récemment sur des procédés inventés par M. Hooïbrenk pour obtenir, au moyen de la fécondation artificielle, un rendement plus abondant des céréales, de la vigne et des arbres fruitiers.

» Ces procédés, mis en pratique à Sillery, près de Reims, et à Châlons-sur-Marne, sur des propriétés appartenant à M. A. Jacquesson, sont simples, d'un emploi peu dispendieux, et cette circonstance donnait un degré particulier d'intérêt aux faits qui ont été signalés ; car en agriculture les résultats exceptionnels n'ont de véritable portée qu'autant qu'ils peuvent être aisément généralisés.

» L'appareil employé par M. Hooïbrenk pour opérer la fécondation artificielle des céréales consiste dans une corde de vingt mètres à laquelle sont attachés des brins de laine de trente-trois à trente-cinq centimètres de longueur.

» Ces brins de laine doivent être assez nombreux pour se toucher ; une petite balle de plomb de la grosseur d'une chevrotine est attachée à l'extrémité d'une partie d'entre eux, de cinq en cinq fils.

» L'appareil est passé sur les épis au moment de la floraison, de manière à les secouer légèrement. Trois personnes sont employées à cette opération; un homme à chaque extrémité de l'appareil, et un troisième ouvrier vers le milieu pour soutenir la corde.

» L'opération doit être répétée trois fois, à deux jours d'intervalle. La première fois, elle doit avoir lieu au moment où le pollen se développe d'une façon sensible.

» La dépense nécessaire pour féconder un hectare de céréales ne s'élèverait, dit-on, qu'à deux francs, en répétant l'opération trois fois, comme nous venons de l'indiquer. L'appareil lui-même ne coûterait pas fort cher et peut durer fort longtemps.

» Pour les arbres fruitiers, M. Hooïbrenk emploie une autre méthode dont il modifie l'application, suivant qu'il s'agit d'espaliers ou d'arbres en plein vent.

» Voici comment il opère à l'égard des espaliers : à l'époque où les fleurs s'épanouissent, il touche délicatement les stigmates avec le doigt enduit de miel, puis lorsque toutes les fleurs sont ainsi préparées, il passe sur l'ensemble une petite houppe à poudrer, mais à duvet un peu court; le pollen déplacé par le frôlement de la houppe tombe sur les stigmates emmiellés et y adhère, et la fécondation se trouverait, dit-on, assurée, à ce point qu'on obtiendrait autant de fruits qu'il y aurait eu de fleurs touchées.

» L'opération, peu dispendieuse, se répète autant de fois qu'on le juge nécessaire.

» Pour les arbres de plein vent, tels que cerisiers, pruniers, pommiers, etc., le procédé se simplifie. M. Hooïbrenk fait usage d'une sorte de plumeau, composé de brins de laine, de même nature que celle qu'il emploie pour la fécondation des céréales, et d'environ vingt centimètres de longueur.

» Il passe sur quelques-uns des brins une très-petite quantité de miel, destinée à retenir le pollen ; puis il promène le plumeau, comme pour les épousseter, sur toutes les fleurs de l'arbre.

» Le même procédé s'applique à la vigne et à d'autres plantes.

» Deux commissions nommées par le ministre de l'agriculture, du commerce et des travaux publics ont été chargées de visiter les domaines de M. A. Jacquesson, afin de constater les premiers résultats annoncés par M. Hooïbrenk.

» La première de ces deux commissions, qui a été envoyée le 24 juillet dernier à Sillery pour examiner l'état des récoltes de céréales, était composée de MM. Payen, membre de l'institut; Dailly, de la Société impériale et centrale d'agriculture; Lefour, inspecteur général de l'agriculture, et Simons, chef du cabinet du ministre de l'agriculture, du commerce et des travaux publics.

» La seconde commission, composée de MM. Payen et Decaisne, membres de l'Institut ; Pépin, de la Société impériale d'agriculture, et Simons, s'est rendue à Châlons-sur-Marne le 11 août dernier pour visiter les arbres fruitiers.

» Pour les céréales, on a constaté les résultats suivants :

» Un are de seigle, fécondé par le procédé Hooïbrenk, a rendu 34 litres 500, pesant net 25 kilogrammes 500, ce qui correspond à un produit de 34 hectolitres par hectare.

» Un are de seigle non fécondé a donné 22 litres 600 pesant 16 kilogrammes, soit un rendement de 22 hectolitres 600 à l'hectare.

» Un are de froment fécondé a produit 41 litres 500 pesant 32 kilogrammes, et 1 are de froment non fécondé 30 litres 500 pesant 21 kilogrammes, ce qui représente pour la partie fécondée un rendement de 41 hectolitres 500 à l'hectare, tandis que pour la partie non fécondée le rendement serait seulement de 30 hectolitres 500.

» Il est vrai que pour le blé, comme pour le seigle, la portion du champ qui a été fécondée se trouvait dans une position plus favorable que celle qui ne l'a pas été. Toutefois, la différence de situation topographique était beaucoup plus sensible pour le froment que pour le seigle; et, en tout cas, elle ne semble pas suffire pour expliquer une différence aussi considérable dans les rendements.

» Pour les arbres fruitiers, on n'avait pas les mêmes éléments de comparaison que pour le froment et le seigle.

» La commission a trouvé des arbres de diverses espèces, et notamment des pruniers surchargés de fruits; mais comme les branches de ces arbres avaient été inclinées à 112° 1/2, et que dans l'opinion de M. Hooïbrenk, cette inclinaison a pour effet d'augmenter la production, on a dû se borner à reconnaître l'abondance des fruits, sans pouvoir indiquer dans quelle mesure la fécondation artificielle aurait contribué à ce résultat.

» Dans sa visite à Châlons, la commission a eu, en outre, occasion de constater quelques faits curieux de reproduction d'arbustes, et même de plantes herbacées, au moyen de l'inclinaison de leurs tiges.

» Ainsi, la commission a vu des églantiers de semis, âgés de trois ans, dont toutes les jeunes tiges, après avoir été rabattues sur le sol, avaient poussé de leur pied un scion vigoureux.

» On lui a montré également une aspergerie soumise au même régime, où toutes les tiges feuillues avaient été inclinées dans le but d'obtenir, en novembre, de grosses asperges, qu'on protége contre le froid au moyen d'une bouteille défoncée et recouverte de craie blanche.

» Du reste, les deux commissions envoyées, l'une à Sillery et l'autre à Châlons, ont dû apporter une grande réserve dans l'expression de leur opinion, attendu qu'elles n'ont pas été mises à même de suivre la production dans les diverses phases de son développement; mais elles ont été d'accord sur l'utilité de soumettre les ingénieux procédés de M. Hooïbrenk à une expérimentation méthodique, et faite sur différents points du territoire.

» L'Empereur, qui a pu juger par lui-même, lors de sa visite dans le grand établissement de M. Jacquesson, du haut intérêt que présentent les découvertes de M. Hooïbrenk, a décidé que les expériences demandées seraient faites pendant le cours de l'année agricole qui s'ouvre en ce moment, et Sa Majesté a désigné Elle-même la ferme impériale de Fouilleuse et la treille de Fontainebleau comme deux des points où elles auraient lieu.

» Les expériences qui vont être instituées, et qui auront un caractère comparatif, embrasseront non-seulement les procédés de fécondation artificielle, mais encore les diverses méthodes de taille et de culture dont M. Hooïbrenk a fait l'application chez M. A. Jacquesson.

» Elles seront entreprises et suivies simultanément dans les écoles impériales d'agriculture de Grignon, de Grand-Jouan et de la Saulsaie, au potager de Versailles, et en outre, comme nous venons de le dire, à la ferme de Fouilleuse et à Fontainebleau. Elles pourront s'étendre d'ailleurs sur quelques domaines particuliers dont les propriétaires se montreront disposés à faire l'essai des procédés de M. Hooïbrenk, et elles auront lieu sous le contrôle d'une commission spéciale, qui est chargée d'en déterminer le programme, d'en suivre toutes les phases et d'en constater les résultats.

» Cette commission, nommée par une décision de l'Empereur en date du 9 de ce mois, est composée de la manière suivante :

» Le maréchal VAILLANT, ministre de la Maison de l'Empereur et des beaux-arts, président;

» Messieurs

» PAYEN et DECAISNE, membres de l'Institut;

» DAILLY et PÉPIN, membres de la Société impériale et centrale d'agriculture de France;

» CAZEAUX, inspecteur général, et LAMBEZAT, inspecteur général adjoint de l'agriculture;

» TISSERAND, chef de la division des établissements agricoles au ministère de la Maison de l'Empereur,

» Et SIMONS, chef du cabinet du ministre de l'agriculture, du commerce et des travaux publics.

» M. SIMONS est, en outre, chargé des fonctions de secrétaire. »

Un mois environ avant la publication de ce rapport, l'Empereur s'était rendu lui-même à Châlons-sur-Marne, et il s'était convaincu en personne de la vérité de ces résultats étonnants. Il en fut tellement frappé, que sur les lieux mêmes il détacha de sa boutonnière la décoration de la Légion d'honneur qu'il portait depuis plusieurs années, et qu'il la posa sur la poitrine de M. Hooïbrenk. En même temps il nomma M. A. Jacquesson chevalier de cet ordre[1].

Ce fut peu de temps après que M. Hooïbrenk et M. A. Jacquesson se rendirent en Hollande, M. Hooïbrenk désirant, comme je l'ai déjà dit, assurer tout d'abord à son pays natal les avantages de ses découvertes.

Je dois avouer que d'abord je ressentis peu de confiance pour les méthodes dont on me faisait part ; mais je dois ajouter qu'à mesure que je m'entretenais avec ces Messieurs, et qu'ils répondaient à mes demandes et résolvaient mes questions, la confiance s'établit, et je compris toute la portée de leurs communications, surtout en voyant les gerbes scellées du cachet de la commission, qui contenaient chacune cent épis de froment et de seigle fécondés artificiellement et fécondés naturellement. C'était frappant de voir combien les premiers étaient plus forts et plus pesants que les autres.

Je laisse de côté l'application non moins avantageuse de la fécondation artificielle aux arbres fruitiers et à la vigne, dont on ne pouvait me montrer alors des échantillons, puisque ce n'était que sur les lieux et à certaines époques de

[1] Voir le récit officiel de cette visite de l'Empereur en tête de cette brochure.

l'année que l'on pouvait voir ces résultats. Mais je sentis sur-le-champ l'immense utilité et les prodigieuses conséquences que la fécondation artificielle des céréales pourrait avoir pour toute la société; car on arrive à obtenir par un travail simple et peu coûteux un surcroît de 40 à 50 p. c. de produit, sur une superficie de terrain donnée et avec une augmentation insignifiante de dépense.

Je promis donc à ces Messieurs ma coopération, et je leur conseillai de demander une audience au roi. Sur-le-champ je me rendis chez le directeur de son cabinet, pour lui faire part du motif de l'arrivée de ces Messieurs et de ce qu'ils désiraient communiquer à Sa Majesté. Je leur conseillai également de se rendre chez le ministre de l'intérieur, M. Thorbecke, et j'offris de donner moi-même les renseignements indispensables à cet homme d'État. Je lui écrivis en conséquence une lettre détaillée, en le priant de vouloir bien recevoir ces Messieurs, et je proposai de les accompagner. Cette ouverture fut acceptée par M. le ministre avec la plus grande prévenance. Dans une conférence tenue au ministère des affaires de l'intérieur, M. Hooïbrenk et M. A. Jacquesson firent les communications nécessaires, et ils exposèrent les échantillons cachetés du froment et du seigle fécondés et non fécondés. Le ministre se montra fort satisfait ; il promit de porter son attention sur cette affaire quand le moment serait venu, et il accepta la proposition de M. A. Jacquesson d'envoyer en temps utile un agronome capable à Châlons-sur-Marne, afin d'y faire un examen minutieux et un rapport circonstancié.

Le jour suivant M. Hooïbrenk et M. A. Jacquesson furent admis auprès du roi. Sa Majesté, qui a fait de l'agriculture son étude favorite, montra le plus grand intérêt pour tout ce que ces Messieurs lui dirent, et le roi témoigna par plus d'une preuve qu'il avait parfaitement saisi la question dans tous ses détails. L'entretien dura une heure et demie. En se retirant, Sa Majesté pria ces Messieurs de revenir le lendemain à onze heures; et cette invitation fut acceptée avec empressement. Cette fois deux nouvelles personnes assistèrent à la conférence : M. Gallois, administrateur des domaines de la Couronne, et M. Wolterbeck, secrétaire du roi pour les affaires d'agriculture. La conférence ne dura pas moins de quatre heures, et il fut convenu que M. Wolterbeck avec M. Jongkindt, le premier jardinier du Loo, se rendraient prochainement à Châlons-sur-Marne, avant le départ de M. Hooïbrenk pour Vienne, afin de tout voir aussi minutieusement que possible. M. Hooïbrenk et M. A. Jacquesson prirent congé du roi et quittèrent La Haye le 25 septembre, ravis de l'intérêt qu'avait manifesté Sa Majesté et de ses connaissances en économie agricole.

Quant à moi, devant aller le 1er octobre dans le midi de la France pour des affaires de famille, je fis le voyage jusqu'à Paris avec M. Wolterbeck, qui se rendait à Châlons-sur-Marne, et dont le voyage fut entre nous le sujet de bien des entretiens. Le 8 octobre, j'étais de retour à Paris; et y restant quelques jours, je pris la résolution, sur l'invitation pressante de M. A. Jacquesson, de faire également une petite excursion à Châlons-sur-Marne. Je m'y rendis le 16 octobre en compagnie de M. Hooïbrenk, qui était venu me chercher, et de M. le baron von Seebach, ministre du royaume de Saxe en France, ainsi que de mon fils cadet, lieutenant de marine. Arrivés à Châlons-sur-Marne, nous fûmes reçus de la manière la plus amicale par M. A. Jacquesson et son fils; nous y rencontrâmes deux personnages égyptiens qui s'y étaient également rendus d'après les conseils de M. F. de Lesseps; l'un d'eux se nommait Drahnet-Bey. Nous examinâmes d'abord le drainage atmosphérique; et nous trouvâmes que le feu dans le fourneau placé sur le drain collecteur brûlait avec l'intensité qu'aurait un puissant soufflet de forge. Quelqu'un remarqua à cette occasion, bien que ce fût tout à fait étranger à l'agriculture, que par le moyen d'un appareil de ce genre, en même temps que l'on ferait le fumage artificiel du terrain, on pourrait éviter les frais considérables que coûtent les constructions des hautes cheminées nécessaires aux usines à vapeur. Le terrain qui couvrait les drains était tellement ameubli que j'ai pu sans peine y enfoncer ma canne jusqu'à la pomme. La vigne et les autres plantes qui recouvraient ce terrain sur 10 hectares y poussaient dans la perfection. Nous examinâmes ensuite les applications qui avaient été faites de l'inclinaison des branches. Quoique la récolte fût terminée, on avait conservé quelques arbres. Nous remarquâmes entre autres un pêcher où un grand nombre de pêches pendaient encore aux branches inclinées, et ces pêches étaient notablement plus grosses que celles des branches non inclinées. Nous vîmes des ceps de vigne soumis à l'inclinaison et qui étaient couverts de tant de grappes, que l'on aurait pu dire littéralement qu'il y avait plus de grappes que de feuilles. Voir la figure à la fin de cette brochure.

Nous vîmes également de petits pommiers avec des centaines de pommes, quelquefois réunies par vingt ou trente, qui en étaient presque à se toucher. Mais ici plus que jamais on doit affirmer qu'il faut avoir vu les choses pour y croire. Comme on avait appliqué les deux méthodes à ces arbres fruitiers, c'est-à-dire, l'inclinaison des branches et la fécondation artificielle, il est impossible de préciser l'influence séparée de chacune de ces opérations sur le résultat obtenu.

M. A. Jacquesson nous répéta l'assurance que les quelques hectares de vigne qui avaient été fécondés artificiellement, avec l'inclinaison des branches, avaient, selon sa persuasion, rapporté trois fois plus de produit que l'on n'aurait pu en espérer dans le cas où la fécondation artificielle n'aurait pas eu lieu. Des essais devront démontrer plus tard combien chaque opération respective contribue à l'augmentation de la vendange. Nous ne pouvions naturellement pas voir la fécondation artificielle du blé, puisqu'à la mi-octobre il n'y a point de blé en fleur; on ne put donc nous montrer que la corde avec la frange en grosse laine qui doit mettre les épis en mouvement, et les gerbes de froment et de seigle fécondés et non fécondés, qui, comme je l'ai déjà dit, étaient revêtues du cachet de la commission;

mais nous reçûmes des personnes les plus dignes de foi de telles assurances et de tels détails à l'appui, qu'il serait difficile de conserver le moindre doute sur la parfaite réalité des résultats.

On était en pleine vendange; nous vîmes le pressage et les caves de M. A. Jacquesson, où se trouvaient quelques milliers de tonneaux de vin nouveau et des millions de bouteilles de vin de Champagne. Les caves sont taillées dans un roc de craie, et elles ont une longueur réunie d'au moins dix milles hollandais (treize kilomètres); néanmoins on s'occupait à les agrandir de quelques milles nouveaux, parce que M. A. Jacquesson s'attend à de plus fortes récoltes par suite de l'application des méthodes de M. Hooïbrenk.

D'après l'article du *Moniteur universel* du 11 septembre, inséré ci-dessus, on peut voir qu'une nouvelle commission a été nommée par l'Empereur Napoléon III. M. le maréchal Vaillant en est le président; sous sa direction on fera de nouveaux essais sur divers points de la France en 1864. Cette commission a tenu le 19 octobre 1863 sa première séance à Paris; et M. Hooïbrenk y a naturellement assisté. Tous les travaux nécessaires à ces expériences, depuis le commencement des semailles jusqu'à la récolte, devront être faits sous la surveillance personnelle des membres de la commission ou sous la surveillance de ses délégués. Dans l'espace d'une année on saura donc tout; et, ainsi que je l'espère, il y aura pleine confirmation des résultats constatés dans l'année 1863.

En attendant, la question est d'une telle importance que chacun doit y donner la plus sérieuse attention; et puisque le hasard m'a permis d'en apprendre et d'en voir quelque chose, j'ai cru de mon devoir de ne pas laisser passer silencieusement cette occasion, bien que je sois étranger à l'agriculture et à l'horticulture. J'ose croire, néanmoins, que, sous un certain point de vue, on me saura gré d'avoir eu l'audace de prendre la plume pour traiter à ce propos de l'application éventuelle des méthodes de M. Hooïbrenk dans l'île de Java et dans nos autres possessions de l'archipel Indien. J'ai consulté spécialement à ce sujet M. Hooïbrenk, et je terminerai mon écrit, en donnant un court récit de nos conversations.

I. Premièrement, pour le drainage atmosphérique, je ne crois pas, d'après la connaissance que j'ai de la condition sociale et de la manière de travailler dans les Indes, que l'application sur une grande échelle puisse en avoir lieu de sitôt.

Quant à la culture du riz et du café, je pense que le drainage atmosphérique est inutile et presque impossible. J'en dis à peu près autant pour la culture du sucre; comme on change presque continuellement de champ, le drainage est également peu utile. Que si l'on voulait cependant introduire le « Ratoemen », c'est-à-dire, la conservation perpétuelle de la plantation de sucre sur le même terrain, comme aux Indes occidentales, peut-être que le maintien artificiel de la fertilité du sol par le drainage atmosphérique serait le meilleur moyen qui se présenterait.

Mais c'est surtout pour la culture de l'indigo qu'il serait à désirer que l'on essayât ce procédé; peut-être alors la culture de ce précieux produit si recherché dans le commerce se trouverait-elle préservée de la déchéance dont elle est menacée.

Je crois, d'ailleurs, qu'en général l'application du drainage atmosphérique sera bien moins coûteuse aux Indes qu'en Europe, parce que je présume que l'on pourrait se servir de bambous pour tuyaux, en posant seulement les bouts minces dans les bouts plus larges. Il est facile d'en faire un essai, et l'on pourra voir combien de temps le bambou restera sous la terre sans se pourrir.

II. Je crois que la seconde méthode, l'inclinaison des branches, peut être appliquée avec grand succès aux Indes sur le café. Je sais fort bien que, surtout au commencement, il sera fort difficile d'engager le Javanais à en faire l'application sur une grande échelle; mais que l'on passe outre, malgré cette opposition, et que l'on réitère les expériences; si elles réussissent, le Javanais, qui apporte le café dans les magasins du gouvernement contre argent comptant, ainsi que l'entrepreneur particulier, y trouveront sûrement leur bénéfice.

On pourrait faire l'expérience de deux manières, non seulement avec de jeunes et petits caféiers, mais aussi avec des vieux. On attacherait la branche de dessous fortement à la terre ou au tronc, et ensuite les branches de dessus aux branches de dessous, de manière qu'elles eussent toutes une inclinaison d'environ 112,50 degrés. Je suis persuadé que l'on verrait bientôt les branches, même des vieux arbres, prendre de nouveaux bourgeons et se couvrir de fleurs, pourvu que l'on eût soin de donner suffisamment de lumière et d'air entre les plants.

L'arbre à noix de muscade, le giroflier, le cacaotier, le poivrier, si ressemblant à la vigne, et les arbres fruitiers peuvent être traités de la même manière et produire des récoltes considérables.

M. Hooïbrenk est d'opinion qu'il serait fort utile d'adopter cette méthode pour le bois de Djatir; en faisant incliner les branches, toute la force de croissance prise de la terre, ainsi que de l'air, par les feuilles et l'écorce, tournerait au profit du tronc, qui croîtrait avec une double force en hauteur et en épaisseur; et le bois gagnerait beaucoup en poids.

Il est également d'opinion que cette méthode appliquée à la culture du sucre donnerait d'excellents résultats. Que l'on incline vers la terre la tête de la jeune canne, quand elle a atteint 30 ou 50 centimètres de hauteur; et l'on verra surgir, selon M. Hooïbrenk, trois, quatre, et peut-être encore plus de rejetons. En ce qui concerne le roulage à cannelures, ainsi que nous l'avons déjà décrit pour le froment et le seigle, il n'est pas probable que l'on puisse l'adopter pour le riz, parce que le terrain des rizières devient trop mou par l'irrigation; on pourrait toutefois l'essayer.

III. C'est surtout la troisième méthode, la fécondation artificielle, qui doit être prise en considération, et si cette méthode peut être appliquée dans les Indes, les résultats n'en seront pas moins utiles qu'en Europe, surtout et principalement pour le riz. Cette espèce de grain, qui extérieurement ressemble tant à l'avoine, peut être fécondée artificiellement, comme le sont le froment, le seigle et l'orge, en y passant la frange de laine au moment de la floraison. Cette opération est tellement simple, et l'augmentation du produit tellement considérable, qu'il ne sera pas difficile de la faire comprendre à l'indigène par l'intermédiaire de son supérieur ou de ses prêtres, et d'en faire l'application générale.

La fécondation du maïs pourra être faite par le même procédé, pourvu que le plomb placé aux bouts de la frange soit un peu plus lourd.

Le caféier devra être traité de la même manière que tous les autres arbres fruitiers, c'est-à-dire qu'il faudra toucher légèrement la fleur avec la petite houppe en duvet de cygne; on ne verra plus alors, ce qui arrive si souvent, une caféière riche en floraison ne point donner de fruits.

Il est probable qu'au commencement on reculera devant ce travail, tout simple qu'il est, et que l'on envisagera la chose comme impraticable. Mais pour se rassurer, il n'y a qu'à considérer ce que j'ai déjà dit de la fécondation faite de cette manière sur les 100 hectares de vignes chez M. A. Jacquesson de Châlons-sur-Marne. L'augmentation énorme de la production récompensera amplement le Javanais de ce travail si facile, et je me flatte que le gouvernement n'hésitera pas à faire des expériences d'après cette méthode. Le planteur de caféiers, soit sur le territoire des princes indigènes, soit sur les terrains loués, y trouvera un très-bel avantage.

Que l'on soumette aussi aux mêmes essais l'arbre à noix de muscade, le giroflier, le cacaotier, le poivrier, et les autres arbres. Les entrepreneurs aux Moluques, en considérant leurs propres intérêts, ne resteront pas en arrière, dès qu'ils seront bien renseignés sur les nouvelles méthodes; et j'espère que le présent écrit contribuera à répandre la lumière parmi eux.

Je prévois une objection, et l'on me dira peut-être que c'est témérité et folie de vouloir être plus sage que la sage nature. Je répondrai que dans une foule de cas, et en commençant par la naissance de l'homme, l'expérience a démontré combien il était utile que la nature fût aidée par les secours de l'art. Je n'indique pas seulement les résultats obtenus et constatés au château de Sillery et à Châlons-sur-Marne chez M. A. Jacquesson; mais j'indiquerai aussi ce que j'ai vu moi-même à Java relativement à la fécondation.

Depuis huit années, on avait essayé la culture de la vanille dans le jardin botanique à Buitenzorg. Les plantes pendantes poussaient avec vigueur, et chaque année elles étaient couvertes de fleurs; toutefois on n'obtenait pas plus de fruits que dans tous les autres endroits où l'on avait essayé cette culture, hors de la patrie de cette espèce d'orchidée, l'Amérique tropicale et particulièrement le Mexique. Cependant le hardi horticulteur Teysman ne perdit pas courage. Il se rappela avoir lu qu'au Mexique la fleur, ou plutôt la petite peau qui en couvre la partie féminine, est ouverte par une espèce d'insecte (lépidoptère), ou bien, selon d'autres témoignages, par les colibris, qui y enfoncent leur bec pour en sucer le miel. Comme il n'y a à Java ni cet insecte ni cette espèce d'oiseau, la fleur restait fermée et ne pouvait pas être fécondée. En causant à ce sujet avec le second jardinier, Bynnendyk, Teysman résolut d'essayer d'ouvrir la fleur par le moyen d'un petit couteau confectionné expressément pour cela. Je l'entends encore me dire : « Je vais jouer le rôle d'insecte ou de colibri. »

Le résultat dépassa toute attente. Grâce à l'ouverture artificielle, la matière laiteuse de cette orchidée put arriver sur le pistil, et l'on eut de suite beaucoup de fruits.

La même année, en 1850, je pouvais offrir au roi un petit paquet de vanille de Java; elle était tout aussi aromatique, et elle était même plus forte que celle d'Amérique. Cette augmentation venait probablement de ce que l'instrument du travail artificiel, le couteau, n'avait pas fait diminuer le miel de la fleur, comme il arrive quand ce miel est pris par les insectes ou par les colibris.

Je puis donc avoir quelque confiance dans la fécondation artificielle de M. Hooïbrenk. C'est peut-être ce souvenir qui m'a fait porter tant d'intérêt à ses méthodes et qui m'a conduit à prendre ici la plume. Si par là j'ai contribué à faire connaître et à favoriser une entreprise qui promet de si beaux résultats pour la Néerlande, en supposant que les expériences de 1864 confirment celles de l'année passée, et qui peut tellement augmenter la prospérité des Javanais, le commerce en général et les ressources du trésor néerlandais, je trouverai mon travail non-seulement récompensé, mais de plus je me réjouirai de ne m'être pas laissé retenir par la crainte de publier un écrit sur un sujet qui est si éloigné de ceux dont je m'occupe habituellement.

P. S. — Au moment où s'achève l'impression de cette brochure, je reçois de M. Rochussen une lettre datée de la Haye, 30 mai 1864, d'où j'extrais le passage suivant :

« Je viens de recevoir une lettre du président » de la Société d'agriculture à Java, qui m'an» nonce qu'aussitôt qu'on a reçu ma brochure on » a pu faire un essai de la méthode Hooïbrenk » pour la fécondation artificielle du riz. Le résul» tat a été un rendement de treize pour cent de » plus que pour des rizières non fécondées. Cet » essai n'est d'ailleurs que provisoire; on le re» prendra de nouveau et plus en grand. »

Cette nouvelle est, comme on le voit, d'une très-haute importance, et j'ai tenu à la consigner ici, puisque j'en trouvais l'occasion. Elle sera certainement accueillie avec grand intérêt par tous ceux qui désirent le succès des nouvelles méthodes. Cette heureuse application de la fécondation artificielle à une des cultures principales de Java prouve deux choses : d'abord que le système Hooïbrenk peut être aussi utile dans les climats chauds que dans nos climats tempérés; et en second lieu, que M. Rochussen ne s'est pas trompé dans ses espérances patriotiques. En nous accueillant avec tant de bienveillance, M. D. Hooïbrenk et moi, il avait surtout pensé au bien de la Hollande; il doit voir avec plaisir que ses prévisions et les nôtres sont justifiées. Pour ma part, je compte que l'année 1864 donnera au monde entier une démonstration définitive, et qu'on reconnaîtra prochainement l'immense avantage du système que j'ai été heureux de pouvoir inaugurer le premier.

A. Jacquesson.

Châlons-sur-Marne, 10 juin 1864.

Paris. — Typographie de Henri Plon, imprimeur de l'Empereur, 8, rue Garancière.

SYSTÈME DE CULTURE DE M. DANIEL HOOIBRENK.

MODÈLE DE ROULEAU CANNELÉ. Employé au Château de Sillery, Domaine de Messieurs JACQUESSON & FILS.

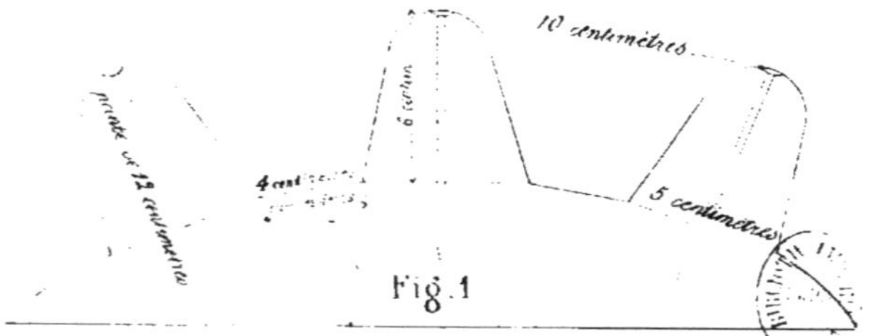

10 centimètres

5 centimètres

6 centim.

4 cent.

pointe de 12 centimètres

2m60c

0,60c

Fig. 1

Coupe d'une section du rouleau

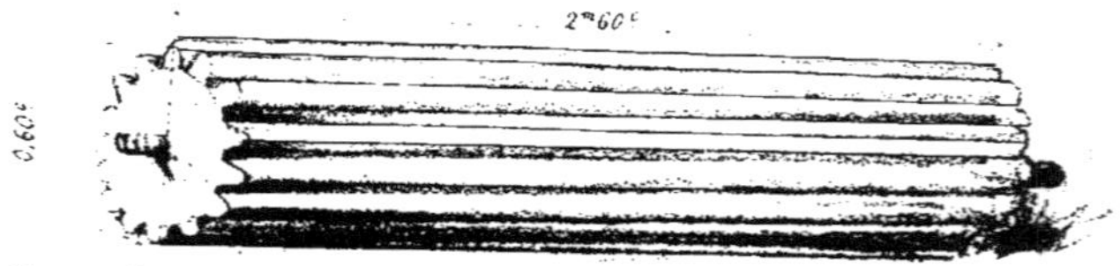

Nota — *Pour transformer un rouleau en bois ordinaire en rouleau cannelé, il suffit de clouer des tringles, en bois, de la longueur du rouleau et des dimensions indiquées Figure 1*

MODÈLE DE FRANGE

Employée dans les propriétés de Messieurs JACQUESSON & FILS, négociants en vins de Champagne, à CHALONS-SUR-MARNE.

Manière de faire les nœuds soit en dessus soit en dessous de la corde.

Manière d'enrouler la frange

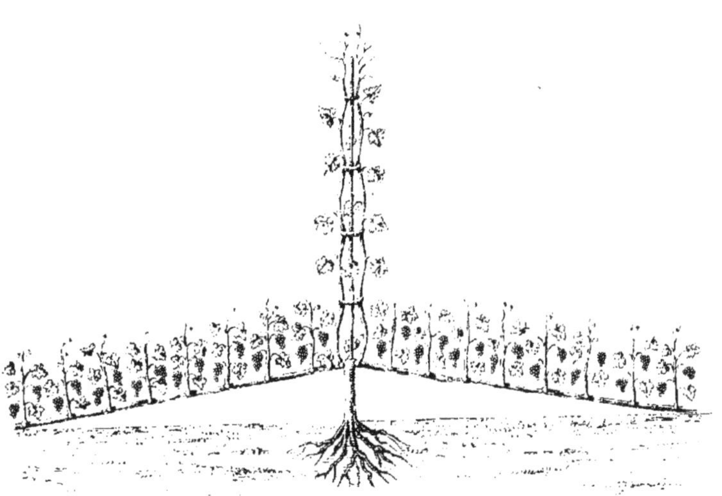

Culture de la vigne en plein champ.

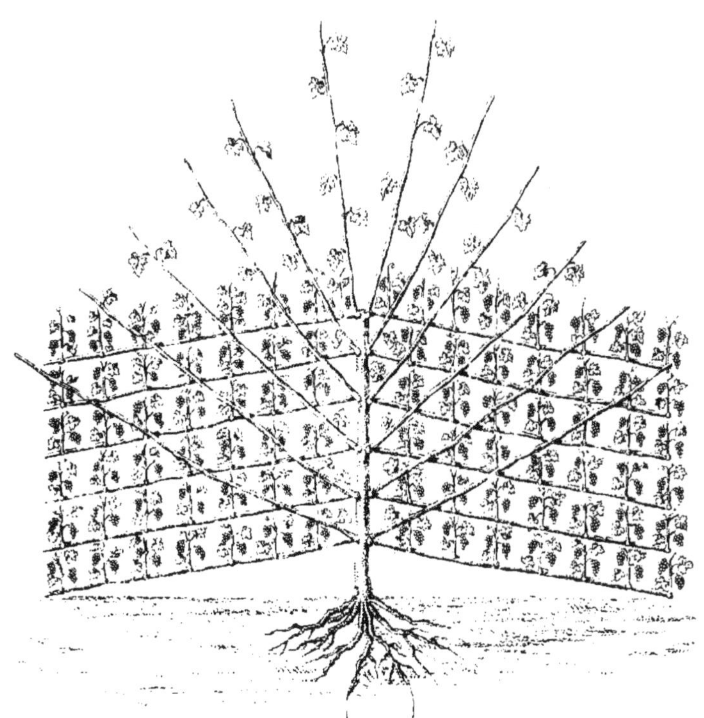

Culture de la vigne en espalier.